KB235520

소녀가 여행하는 법
1

백원달

목차

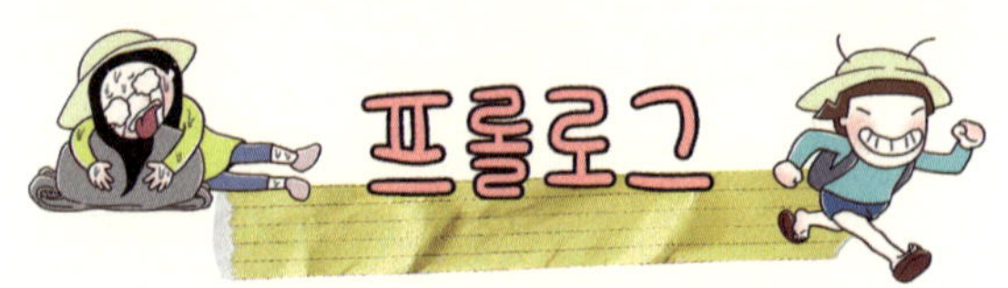

여기,

도저히 배낭여행을 떠날 수 없을 것 같은
한 여자가 있습니다.

인간종합병원이 따로 없을 듯한
저질체력은 기본!

알파벳도 헷갈리는
영어무능력자에다가

시내버스만 타도
멀미를 할 정도라니!

이런 나에게
배낭여행은

해리포터의
파이어볼트를 훔쳐 타고
엉덩이로 스니치를
잡는 것만큼이나
가능성이 없었습니다…

… 라고 생각했는데!!!

'180도' 다른 성격의 친구 녀석과 함께
얼떨결에 동남아 배낭여행을 떠나게 되었습니다.

하루라도 티격태격
안 하는 날이 없는
위태로운 배낭여행!

때때로 냄새 지독한 화장실에서 씻고

초 민망한 문화 차이를 실감하기도 하며

크레이지 몽키의 무차별 공격을 받을 때도 있지만……

그럼에도
이국적인 아름다움이
가득하고

싸고 맛있는 현지 음식과

정겨운 사람 냄새가 넘치며

언제나 스펙타클한

우리와 함께 떠날 준비되셨나요?!

갑작스러운 탈출

얼떨결에 떠나다

동전의 양면도 결국 하나의 동전이다

여행의 시작

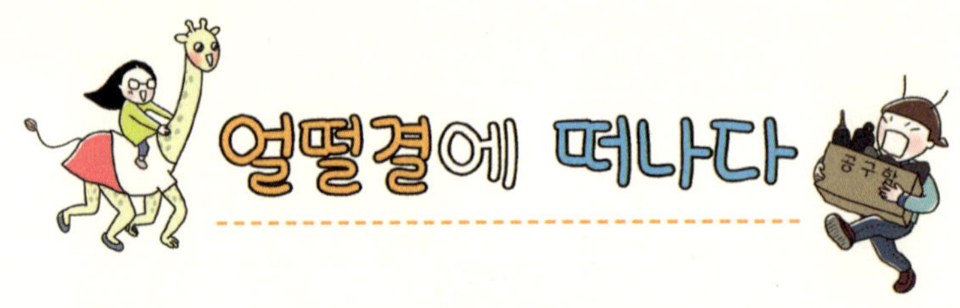

꽃다운 스물둘, 대학교 휴학생인 나는

한마디로 '폐인'이다.

돼지우리에서 깨어나자마자 하는 일은
어제 다 읽지 못한 만화책 읽기!

식탁으로 끌려나온 후에는
세월아 네월아 밥알만 세다가

아점을 다 먹으면
후다닥 TV 앞으로 달려가서는
투니빠스의 만화영화를 섭렵하고

저녁에는 컴퓨터 앞에서 밥을 먹으며
보랏빛 머리의 요정(?!)을
프린세스로 만들기 바쁜–

굼벵이 앞에서 주름잡을 만한 하루하루를 보내는 중이다.

어릴 때부터 말 잘 듣는 '착한 아이'였던 나는

초등학교 때도

중학교 때도

고등학교 때도

학교가 정해준 규칙을 잘~ 지키며 살았다.

웰컴!!
대학
어느덧 스물,
나는 대학생이 되었다.
와아!! 대학교다!!
이제 대학생이 되었으니까
앞으로는 모든 것을 너 스스로 결정해야 해!
응?!
대학
수업시간표부터 시작해서 아르바이트나 취업을 위한 계획이라든지… 아니면 취미생활이라도 !!
대학교 와서도 시키는 일만 잘하면 되는 것 아니었어요 ?
자, 너의 자유시간이란다!!
먹는 거 아냐~
두둥!
자유시간
헉!! 이렇게나 많아 ?!

만약 지금까지 주체적으로 삶을 살았다면
처음으로 얻은 자유시간을
소중하게 사용했겠지만……

아쉽게도
넘쳐나는 시간을 감당할 능력이 없던 나는

1학년 때도 술만 먹고

2학년 때도 술만 먹었다.

결국

원래 저질체력이었던 몸에
과음과 수면 부족이 더해져
휴학 결정!

그래서 심신회복(?)이라는 명분으로
방구석에서 굼벵이 짓거리를 하는 것이다.

하지만 나 역시
이런 굼벵이 생활이
마냥 좋지는 않았다.

여행은 엄청나게 고생스럽고

틀림없이 매우 위험할 거야!

이런 생각으로
배낭여행은 꿈도 못 꾸고 있었다.

맹물처럼 맹숭맹숭한 하루를
보내던 어느 날

싱가포르에 사는 나의 친구
'기린이'로부터 문자 한 통이 왔다.

세계에서 가장 안전한 나라!
그리고 세계에서 가장 깨끗한 나라!

더군다나 싱가포르엔 기린이까지 있으니
나 같은 겁쟁이도 여행하기 문제없었다.

나는 당장 '개미'에게 전화했다.

나와 배낭여행을 함께하게 될
개미를 간단히 소개하자면-

인간이면서 개미를 닮아
22년째 이름 대신 별명으로 불리고 있는
비운의 여인(?) 개미는

타고난 건강체에 개미답게 힘도 세고
사교성 끝판왕에다가 성격까지 쿨했다.

궁벵이인 나와 달리 그녀는 직딩!
그런데……

일을 너무 잘하는 바람에
새벽부터 밤까지 노동력 착취를
당하고 있었다.

개미는 쿨하게 승낙했다.

그러나 나에겐
마지막 난관이 남아 있었다.

바로 엄마느님!

우리 엄마느님에 관해 이야기하자면……

나의 학창시절, 엄마느님은
내가 하고 싶은 것을 모두 응원해주시는
매우 고마운 분이셨는데

걱정 끼칠 만한 일은 결코 허락하시지 않는,
매우 엄격한 면도 있으셨다.

만약 내가 싱가포르에 가고 싶다고
어머니께 말씀 드렸을 때

나는 며칠 동안
어머니의 눈치를 살폈다.

드디어
결전(?)의 날!

어머니는 역시
화를 내셨다.

어머니가 화낸 이유는 황당하게도
풋값 아까우니까 길~게 배낭여행하라는 것!

울 엄마… 내가 어릴 땐
어린왕자의 장미꽃처럼
나를 대하셨으면서……

성인이 되자마자
자식을 절벽에서 떨어뜨리는
사자 엄마로 변해버렸네…!

다른 애들은
배낭여행도 척척
다니고 그러드만
재는
시간도 남아도는
백수이면서…

그렇지만 배낭여행은
너무 무섭단 말야…
그리고 나는 백수가 아니라
요양(?)중인 휴학생…
빠직

아무튼!!
갔다온 거 같지도 않게 가려면
아예 갈 생각도 말아라!!!
쉬어붓

개미랑 기린이한테
싱가포르 간다고 벌써 말해놨는데…
알았어!! 까짓것 배낭여행 가면 되잖아!!
흡!!
내가 우는 말을…

두둥!
방금 뭐라고 했니
내 딸♩
히익!!

엄마는 다 들었단다♩
쫑긋
쫑긋
배낭여행 간다고?
…

엄마에게 걸려들었구나……

후루룩 쩝쩝~
긁적 긁적

개미야~
어서어서 일 마치고
라면 먹어야지~
네…
탁 타닥
탁
탁

딩동♬
누구지…

나 엄마한테
동남아 배낭여행
갈 거라고
말해 버렸어ㅠㅠ
어떻게 해 ㅠㅠ

사장님, 저 나흘 동안 휴가받기로 한 거 취소하고요─
그래, 개미야 어서 일 끝내고 라면 먹자.
라면 붇는다

그냥 회사 그만 둘게요
퓹!!

갑… 갑자기 왜 ?!!

개미는 역시 쿨했다.

동전의 양면도 결국 하나의 동전이다

얼떨결에 배낭여행이란 걸 떠나게 되자
바싹 말라비틀어진 풀때기처럼
초췌해진 나!

하지만 곧
난생처음 배낭여행을 간다는 사실이
조금씩 기쁘기 시작했다.

배낭여행은 패키지와 달리
하나부터 열까지
우리가 직접 계획해야 했는데

시간이 남아돌던 나와 달리,
개미는 사장님의 간곡한 요청에 의해
여행 직전에 회사를 그만두게 되었다.

다음 날

출발 날짜까지 남은 기간을
세어보니……

우리는 기린이의 집이 비는 날에 맞춰서
싱가포르로 가야 했기 때문에

남은 열흘 동안에
부랴부랴 여행 일정을 짜야 했다.

처음에는 그렇게도 배낭여행 가라고 성화였던 엄마느님은
막상 딸이 정말로 떠난다고 하자
걱정이 이만저만이 아니었다.

아무튼…
개미와 허겁지겁
여행준비를 하는 동안

여행에 치명적일 수 있는
한 가지 사실을 깨달았다.

바로
개미와 나의 여행스타일이

다르다는 것!

달라도 너-무 달랐다.

개미야 그 길이 아니야…
계획대로 하지 않으면
우리는 미아가 되서
평생 한국으로 못돌아가고
그렇게 되면…
그래?
일단 가보자
바들
바들
바들
겁원달
인간이면서
개미처럼
여행하는
스타일
VS
쿨개미
개미이면서
베짱이보다
더 한(?)
스타일

한 번은 이런 일이 있었다.

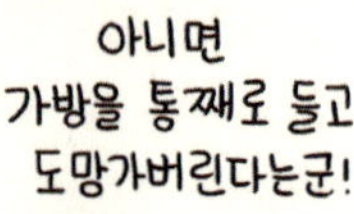

'안전하고 튼튼한 등산용 가방'을 사라고
개미에게 말했을 때,
그녀는 대답했다.

잘 찢어지는
비닐가방이군!
얏호!!
으악!!!
임생겼다
엉엉엉
쯧쯔…
내옷…
내돈…
나 방값이 없어…
입을 옷도 없어…
여기 신문지
?
쿨쿨쿨~
이렇게 될 거야…
닥쳐
그리고 너
실망이야

또 한 번은 서로 연락할 수 있도록
휴대전화를 가져오라고 했더니

가지고 다니기
귀찮아

-라며 단번에 거절했다.

개미야…
연락할 방법도 없이
배낭여행을 간다면
넌 분명히…

원달아…
어디 있니…
← 길 잃은 개미

힘들어…
무서워…
저벅
저벅
유기견…
아니 유기개미다!
잡아라!!!
촤악
엥?!

개미를
찾았다고?!
쌩

동물보호소
냠냠
질겅질겅
나 좀 꺼내줘…
잘 어울린다…

이렇게 될 거야…
자꾸
말도 안되는
소리 할래?!
=3

그밖에도 나는
여행에 관련된 것들을
끊임없이 개미에게 요청했지만……

배낭에
자물쇠와 와이어를…
안 채워 갈건데

물에 젖을 수도 있으니
시계는 방수시계를…
시계
안가져갈 건데~
약오르지롱

빨래와 건조가
쉽도록 브래지어는
꼭 스포츠 브래지어로…
야, 그건
내가 알아서
할 거거든요?

언제나 거절당했다.

단 하나,

카메라 목걸이만 빼고……

낯선 사람들에게 도움 받을 일이 없도록
여행을 철저히 준비했다.

딱히 여행에 대한 두려움이 없었던 것이다.

마치 동전의 양면처럼
180도 다른 우리의 성격!

이렇게 성격이 다르면
여행가서 싸우기만 하다가
여행 끝나면 다시는 안 본다던데……

드디어 출발하는 날!
약속시간이 30분 넘게 지나도록

개미는 오지 않았다.

당연히 전화도 받지 않았다.
(휴대전화를 안 가지고 온다고 했으므로)

결국 개미 40분 넘게 지각!

우리는 너무 놀라서
꿀 먹은 벙어리가 된 채
서로의 카메라 목걸이를
바라보았다.

내 카메라 목걸이와 개미의 것이 똑같았던 것이다!

우리는 수백 개의 핸드폰줄 중에서 같은 것을 샀다.

배낭여행을 위협할 정도로
180도 다른 성격을 지닌 원달이와 개미는

그래도 하나쯤은 닮은 면이 있는…
친구였다.

똑같은 카메라 목걸이를 하고
말레이시아 바투동굴에서
어느 힌두교 아저씨와 함께

배낭여행을 준비하자!

1. 각자 상황에 맞게 여행 기간을 정한다.
직장 때려쳐서 두달!!
휴가 싹싹 긁어서 2주
무서우니까 일주일

우리는 한달이 좋겠지?
시간은 있지만 돈이 없어…
동감

2. 나라를 정한다.
나라가 많으니 골라가는 재미가 있네
미얀마
라오스
태국
캄보디아
베트남
말레이시아
싱가포르

가고 싶었던 나라를 선택해도 되고
와!! 캄보디아 나온다아~

추천받은 나라에 가도 좋다.
개미야 태국에 꼭 가거라~
덩실 덩실
사장님 거기 태국 맞아요?

싱가포르에서 태국으로 가려면 말레이시아를 지나야 하네?

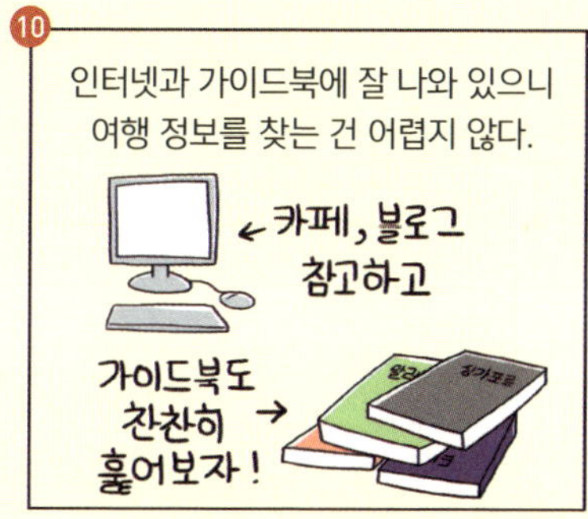

3. 구체적인 여행지를 정한다.

5. 비행기 표를 끊는다.

4. 이동 방법을 알아본다.

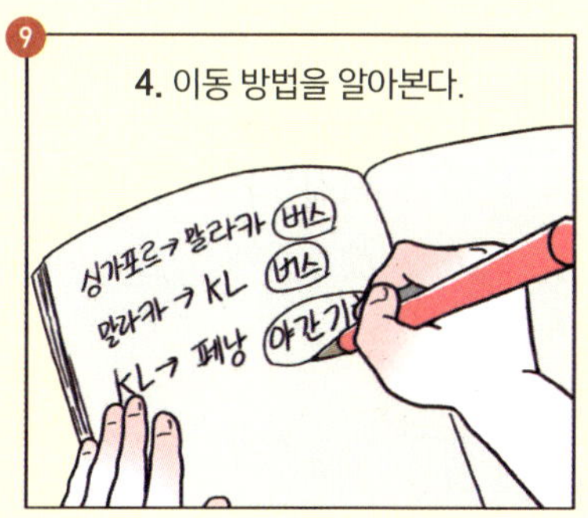

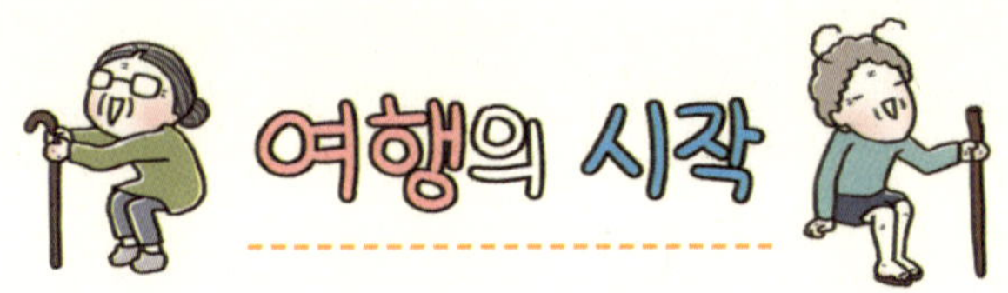

드디어 인천공항 도착!

휴학하기 전, 학교에서 하는
대만 교환학생 프로그램에 참가한 적이 있었다.

대만에 머무는 동안
한국에서 보지 못한 문화를
체험해 본 것이 좋았다.

함께 갔던 사람들도 좋은 분들이라
교환학생 경험은 아주 행복한 추억으로
남아 있다.

하지만 내가 직접 계획하는 게 아니라
학교에서 하나부터 열까지 전부 다 해주니까

때때로
눈 뜬 장님이 된 듯한
기분이 들기도 했다.

그냥 길치입니다.

나는 인천공항에 처음 와 본
개미의 극진한(?) 안내를 받으며

무사히 배낭만(?!) 맡기고

무사히 비행기에 탑승했다.

비행기가

하늘을 달리기 시작했다.

창밖을 보니,

한국의 풍경이 작아지다가
이내 구름 속으로 모습을
감추었다.

우리는 정말로 실감했다.

앞으로 여행하는 동안
어떤 난감한 일을 겪게 될지
아직은 알 수 없지만,

여행을 시작하는 오늘만큼은
겁쟁이인 나도 모든 불안에서
자유로워진 것처럼 느껴졌다.

그러나 잠시 후……

싱가포르까지 한 번에 가는 비행기표도 있지만,
돈 없는 우리에게는 상당히 비싼 가격이다.
그래서 홍콩에서 '경유'하는 티켓을 샀는데,

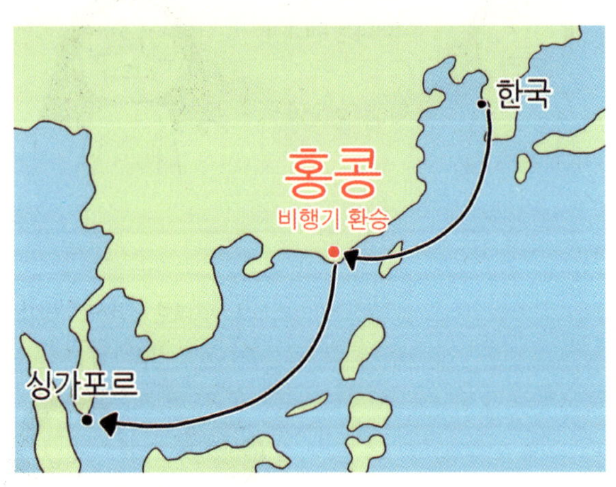

그 말인즉슨,
'비행기를 갈아타야 한다'라는 뜻이었다.

비행기를 갈아타러 가다가
길을 잃게 되고

아무도 우리의 도움 요청을
알아듣지 못해서……

결국
홍콩의 공항에서
쓸쓸히 늙어가게 될 거야…!

이런 나의 걱정을 알 리 없는 비행기는
홍콩 공항에 도착!

나의 걱정과 달리
환승하는 방법은 전혀 어렵지 않아서
무사히 비행기를 갈아탈 수 있었다.

오랜만에 만난 우리는
서로를 얼싸안았다.

싱가포르에 도착한 원달이와 개미

저질체력의 원달이에게
10시간 동안의 여행은 너무나 힘든 일이었다.

어휴
내가 쟤 때문에
그동안 조잘조잘…
뭐 정말?
호호호…
음냐
음냐
질질질

싸게 사자 비행기표!

여행 경비에서 가장 부담되는 것은 두말할 필요도 없이
비행기티켓
펴억

비행기 티켓값을 아끼는 일반적인 방법을 알아보겠습니다

1. 항공사 별로 가격은 천차만별!
A항공이 B항공보다
훨씬 싸잖아?!
탁탁
탁탁

싼 대신 불편할 수도 있다.
무릎이 앞좌석에 닿았어…

2. 직항보다 경유가 저렴하다.
'경유'는 비행기를 갈아타는 것으로 우리도 경유를 이용했습니다.

대기시간에 따라 엄~청 오래 걸릴 수도 있다.
10시간이면 왔을 텐데
23시간 걸렸네…
바둥
바둥

3. 성수기보다 비수기가 저렴하다.
어머, 학기중은 비수기라
비행기표가 훨씬 더 싸네?!

프로모션 뜰 때까지 발품 팔아야 하는 게 귀찮긴 하다.
카페에서 정보 공유하고
항공사 사이트에도 자주 들어가 보고

학생이라면 휴학해야 하는 게 문제.
교수님!! 오늘 당장 휴학을…
쿵
이녀석이!!

그밖에도 가능한 한 빨리 구매하거나
땡처리 항공권 등 여러 가지 방법이 있습니다.

4. 프로모션을 이용하면 더 싸다.
항공사의 특가 티켓을
항공사 사이트에서 직접 구매하는 방법입니다

비록 급하게 끊었던 우리는
요금 폭탄을 맞았지만…
꼬르륵
꼬르르륵

첫사랑 싱가포르

하늘을 나는 대관람차

나라 안의 작은 나라

신데렐라는 이밤의 끝을 잡고

그 여자네 집

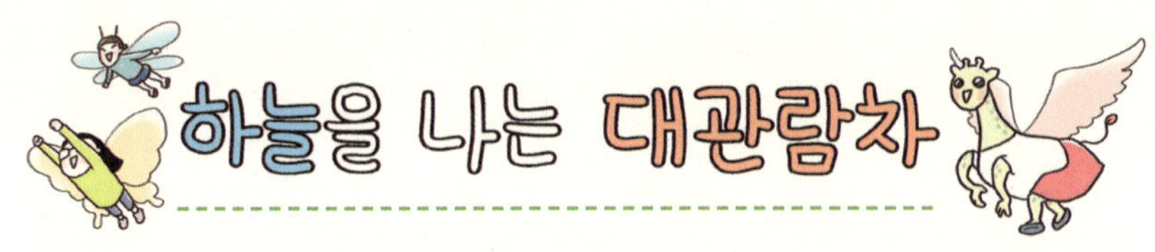

싱가포르
기린이의 집

싱가포르에 머무는 동안
기린이는 날마다 아침을 차려줬다.

여행 준비기간이
촉박했던 우리는
싱가포르는 기린이만 믿고
몸만 달랑 왔던 것이다!

기린이는 '싱가포르 플라이어'에 가자고 했다.

싱가포르 플라이어: 2008년에 완공된, 세계 최대의 대관람차로 마리나베이(Marina Bay)에 위치해 있다. 꼭대기에 오르면 말레이시아와 인도네시아까지 관망할 수 있다.

아침을 먹고 밖으로 나왔다.

우리를 가장 먼저 맞이하는
싱가포르의 풍경이 있었으니……

한국의 가로수보다 서너 배는 키가 더 큰 듯한
싱가포르의 열대나무 가로수들!

이게 가로수냐 전봇대냐!
전봇대보다 높은듯!
싱가포르는 원래 나무들이 커~!
열대기후 잖아

그리고 강을 따라 흐르는
초고층 빌딩의 숲이었다.

저기 봐,
건물들도 되게 높다!
싱가포르는
나라는 작은데
다른 건 전부 커

기린이는
덧붙여 말했다.

어젯밤, 싱가포르에 도착한 우리는
'나이트 사파리'라는 곳에 갔는데

알고 보니 이곳은 세계 최초의,
야행성 동물을 볼 수 있는
야간동물원이었다.

한국 동물원에 없는
동물들을 본 것은 좋았는데

아무래도
어두컴컴한 밤이다 보니까
사진이 몽땅 흔들려버렸다.

서울과 비슷한 땅덩어리의 싱가포르가
도저히 작은 나라로 느껴지지 않았다.

그리고 싱가포르에는
결코 무시할 수 없는
무시무시한 특징이 하나 더 있는데,

적도의 위력이 그대로 느껴지는
어마어마한 더위,
그리고 찜질방에 온 듯한 습도였다.

사실 나는 내 손으로
선풍기를 튼 적이 없을 정도로
더위를 타지 않는데

이런 나에게도 적도의 더위는
상상 초월이었다.

한국에 '이모'가 있다면
싱가포르에는 '엉클엉클(삼촌)'이 있다.

무더운 싱가포르 거리 곳곳에
우리의 더위를 식혀주기 위해
아이스바를 파는 삼촌들이다.

더위도 식힐 겸
아이스바를 먹기로 했다.

한 번 맛보면
절대로 헤어날 수 없을 정도로 맛있다는
'과일의 왕' 두리안!

그러나 두리안에겐
치명적인 문제가 있었으니……

바로 지독한 똥냄새였다.

나는 지인으로부터
두리안 냄새에 관한 이야기를
들은 적이 있었다.

그날 밤

한 번 배면 사라지지 않는
강력한 똥냄새 때문에
동남아의 버스와 호텔 등은
두리안 절대 반입 금지!

이쯤 되니 두리안 냄새가
얼마나 지독한지
먹어보지 않고도 알 것 같았다.

그러나 엉클엉클은
걱정 없다는 듯 말했다.

아저씨는
칼로 썬 하드를
샌드위치처럼
빵 사이에 끼워주었다.

데에에에에

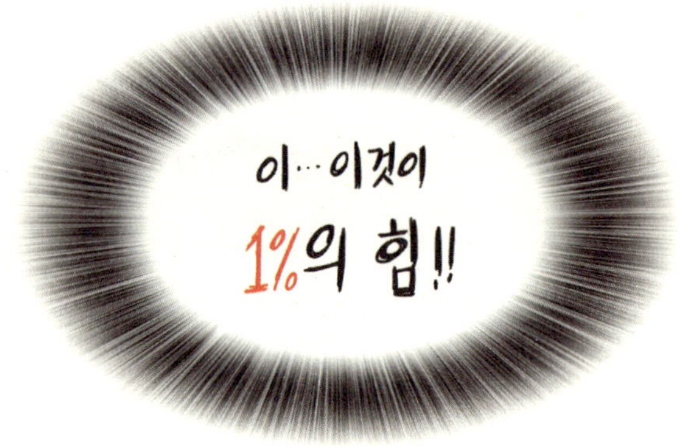

이…이것이
1%의 힘!!

너
입으로 똥쌌냐?!
기린은
달리고 싶다
꺄아악!!

그리고
개미의 처지는 이렇게 되었다.

우리는 곧
세상에서 제일 큰 대관람차,
싱가포르 플라이어에 도착했다.

165미터 높이의 대관람차답게
칸 하나의 크기도
엘리베이터 여러 개를
합쳐놓은 것만큼 거대했다.

그러나 거대한 대관람차의 속도는……

꾸벅꾸벅 졸면서 기어가는
거북이 걸음만큼이나
느려터졌다.

꾸역꾸역 올라가다 보니
어느덧 정상에 도착했다.

복잡한 고층 건물들과
짙은 녹색의 공원들
그리고 망망한 강이 어우러진
싱가포르의 풍경이
넓은 지도처럼
우리의 발밑에 펼쳐졌다.

대관람차 안에서
입으로 응가를 하는 개미였다.

싱가포르 플라이어에서 신난 개미

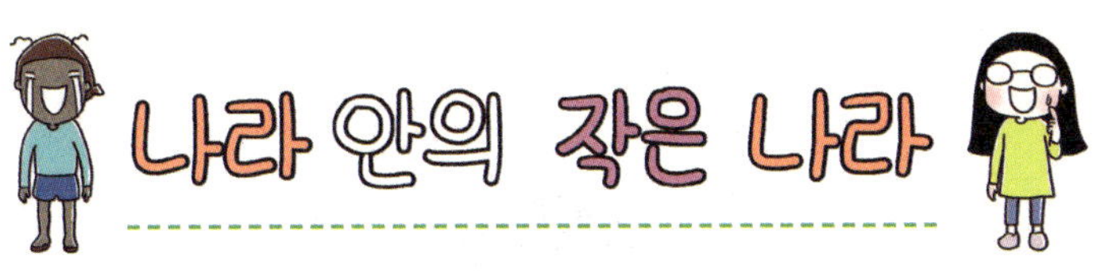

이튿날의 관광을 마친 우리는
기린이 집으로 돌아가기 위해 전철을 탔다.

싱가포르의
치안이 좋다는 말을
자주 들었음에도

승객이 많이 타니까
겁쟁이인 나의 마음에
불안이 밀려왔다.

싱가포르의 법률은 매우 엄격하고
'태형(곤장형)'도 행해지기 때문에

중범죄뿐만 아니라
소매치기 같은 경범죄 발생률도
매우 낮다고
기린이는 말했다.

기린이는 단호히 대답했다.

듣고 보니
맞는 말 같았다.

싱가포르의 엄격한 법도
나의 겁을 없앨 순 없었다.

엄격한 법률은
싱가포르의 대표적인 특징을 만들어냈는데

바로 눈이 부실 정도로
깨끗한 거리였다.

싱가포르에 오기 전에는
솔직히 이런 생각을 했었다.

우리 동네는 이랬다.

나는 문득 궁금해졌다.

기린아…
웅?

싱가포르에는 크고 높고 깨끗한 곳만 있는 거야?
어머, 아니야~!

말레이시아 국경 쪽으로 가면
이정도로 깨끗하진 않아
쓰레기도 있고…
그리고 '리틀인디아'와 '차이나타운' 이라고
아기자기한 곳들도 있는데…

말레이시아부터는
기린이 없이
여행해야 했지만

아직까지는
마음의 준비가 전혀
되어 있지 않았다.

나는 잠을 제대로 이루지 못했고

새벽 5시에 개미를 깨웠다.

나는 전형적인 '한국 여행객'이었다.

내 급한 성격 때문에
어학원 가는 기린이보다도 먼저
집에서 나오게 된 우리.

진심이었다.

8시도 채 안 된 시각,
'리틀 인디아'에 도착했다.

기린이 말대로 낮고 아기자기한,
그리고 이국적인 건물이 인상적인 리틀 인디아.

그러나……

이른 아침이다 보니
문을 연 곳도, 사람도 없었다.

다행히 개미는 조용한 거리를
무척 마음에 들어 했고,

우리는
사람 없는 작은 나라를
여유롭게 산책했다.

음식점이 문을 열자마자
번개같이 튀어와서 주문했다.

'난'과 '커리'는
인도식 빵과 인도식 카레를
말한다.

손으로
쭈욱 찢은 난을

커리에
찍어 먹으면

정.말.맛.있.다!!!

배불리 맛있게 먹은
개미와 나의
다음 목적지는
차이나타운이었다.

차이나타운에서
가장 유명한 곳은

싱가포르에서
가장 오래된 힌두 사원인
'스리 마리암만 사원'이다.

왠지
자리를 잘못 잡은 듯한
힌두 사원 주위로는

중국 특유 느낌이 가득한
차이나타운이
거대한 미로처럼
펼쳐져 있다.

싱가포르는 다문화 나라이지만
중국계 인구가 월등히 많다.

날씨가 뜨거운 탓에
싱가포르의 중국인 중에는
까무잡잡한 사람들이 많은데

까무잡잡의 불똥(?)이
개미에게 튀었다.

다른 여행객에게
사진 찍어달라고
부탁할 때마다

여행객들이
개미에게 이렇게 말했던 것!

개미는 싱가포르에 온 지 이틀 만에
새까맣게 타버린 것이었다.

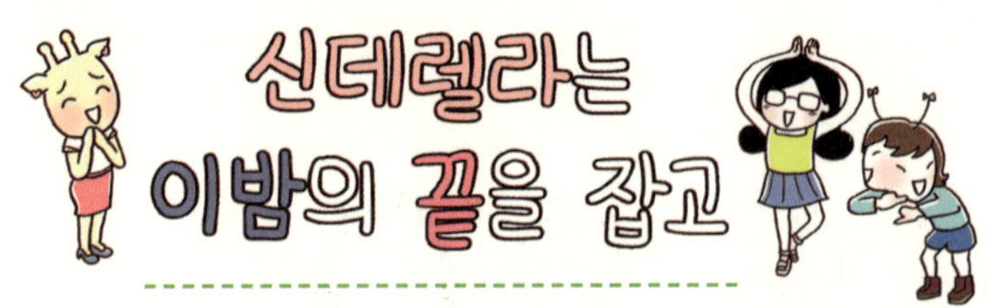

배낭여행 떠나기 전,
직장인 개미와 게으름뱅이 원달이에게는
공통점이 하나 있었다.

대학생이 되자마자
가본다는
'클럽'이라는 곳에

단. 한. 번. 도.
가보지 못했다는 것!

… 어쨌든
클럽에 가고 싶다는 꿈을 남몰래(?) 키웠던 우리는

개미의 시선으로 바라본 클럽……

동남아 배낭여행을 준비하며 약속했다.

그리고 이곳은
첫 나라
싱가포르!

버리기 직전의 옷들만 챙겨 온
검소한(?) 우리는

클럽에 가본 적이 없었기에
어떤 차림으로 가야 하는지
전혀 몰랐다.

가끔은 덧버선에 스포츠 샌들을 신기도 했다.

잊지 마,
너희 곁에는
내가 있단 걸!!
까악
휙
깍
까악
…?

내 옷 빌려줄게!
오오!!

악세사리도 !!

화장품도 !!
BB
SU

구두까지 !!

샤
랄
라

대박!! 우리 무슨
변신 소녀물 주인공 같아!
예뻐…
그건 너희가 그동안
너무 심각하게 하고 다녀서
상대적으로
예뻐 보이는 거야…
마 바지가
뭐니
마 바지가…

제대로 된 차림을 했으니
마음 같아서는
당장이라도 클럽으로
달려가고 싶었지만,

밤 12시 이후에 들어가야
클럽의 재미를 느낄 수 있다는
기린이의 말에

다른 곳을 구경하며
기다리기로 했다.

강을 따라 흐르는
싱가포르 유람선을 타기도 했는데

유람선의 창밖으로

아기자기한 야경의 빛이
우리를 따라 흐르고 있었다.

어느덧 자정!
우리는 기다리고 기다리던
클럽으로 돌진(?)했다.

클럽에 가본 적이 없으니
클럽에 들어가려면
신분증이 필요하다는 것을
당연히 알 리 없었다.

지금은 버스도 다 끊겨서 택시 타고 집에 갔다가 와야 하는데
택시비가 상당히 많이 나올 거야…
그래도 꼭 클럽에 가보고 싶어?
후우
우리 꼭 가보고 싶어… 미안해…
그럼 택시 타야지 뭐.

그런데 우리…

택시비 없지롱♥
이힝~

가난하고 순진무구한(?) 친구들 덕분에
기린이는 왕복 택시비로 5만원 넘게 써야 했다.

다시 돌아온 클럽!

난생처음 들어와 본 클럽은
싱가포르인뿐만 아니라
전 세계에서 온 여행객들로
가득 차 있었다.

콩나물처럼 빽빽한 사람들 사이를
비집고 들어갈 수밖에 없었는데

가까이에서 보니,
외국인의 춤이 꽤 독특했다.

나이 꽤나 드신 한국의 어르신들처럼
'덩실덩실 춤'을 추는 서양인 청년들!

토끼처럼 폴짝폴짝 뛰어오르는
서너 명의 무리!

어떤 동남아인은
제자리에서 달리는 시늉을
하고 있었고,

어느 외국인은
정말로 클럽 안을 운동장으로 생각하는 듯
힘차게 달리고 있었다.

기린이가 말하길,
한국의 클럽에서는 춤출 때
주변을 의식하는 경우가 많아서

춤의 모습이
안무를 짠 것처럼
비슷비슷해진 것 같다고 했다.

남을 신경 쓰지 않는 사람들의 모습이
어쩐지 조금 부럽게 느껴졌다.

사실
나라마다 클럽에 가자고
개미와 약속하긴 했지만

막상 클럽에 들어가면
춤은 절대 못 출 것 같다고
생각했었다.

춤이란 걸 처음 춰 보는
우리의 팔과 다리는 고장 난 로보트처럼
따로 놀았다.

하지만 곧 싱가포르 클럽의 자유로운 분위기에
조금씩 익숙해졌다.

한창 춤을 추고 있는데
갑자기 개미가 이런 말을 했다.

나는 아까보다 더 격렬하게 자유의 춤(?)을 추었다.

4시간 후

싱가포르 클럽에는
풀리지 않는 의문이
있었으니……

저 남자는 도대체 언제까지 달릴 셈일까?

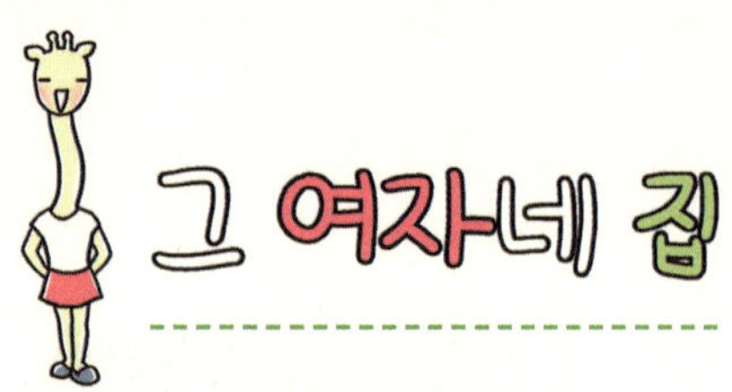

클럽에서 신나게 흔들다가(?)
새벽녘에야 집에 온 우리는
해가 뜬 줄도 모른 채 뻗어 있었다.

기린이도 마찬가지였다.

결국 어학원 완전 지각!

개미와 나는
딱히 좋은 친구가 아니었다.

기린이는 우리를
'보타닉 가든'이라는
공원으로 데려갔다.

보타닉 가든: 싱가포르에서 가장 큰 공원으로 울창한 열대나무와 고요한 연못이 아름답다.

기린이는 싱가포르에서 이곳을 가장 좋아한다고 말했다.

어떤 사람들은
고요한 풀숲을 달리며
보타닉 가든을 즐겼다.

우와 저 서양여자 완전 구릿빛 피부다
근육도 장난 아냐
그만 쳐다봐 얘들아…

만약 우리집 근처에도 이런 멋진 공원이 생긴다면
나도 매일매일 조깅해서 몸짱이 될 거야!
굼벵이에서
근육녀로 변신!!

운동의 '운'자도 싫어하는 네가 공원이 생긴다고 조깅을 하겠어? 내 눈을 보고 말해봐!
…

부릅부릅부릅
그…그건…

조깅…까지는 아니더라도
산책은 자주 하러 왔을 것 같다.

내가 너의 마음의 안식처라는 뜻이구나…!
감동
사실 너희들 밥 해주고 빨래해주는 게 힘들긴 했는데
이런 말을 들으니 힘이 된…

…의 집입니다.
아… 내가 아니라 우리집이라고 ?!

엉잉잉
잘해줘봤자 소용없어 !!
기린 놀리기나 하고!

기린이네 집에 도착한 첫날

우리는 놀랄 수밖에 없었는데

바닥과 모든 벽이 대리석이었기 때문이다.

싱가포르의 열대기후 속에서
그나마 덥지 않게 보내는 방법이라고
기린이는 말했다.

저녁 때 기린이는
보라색 과일이 잔뜩 든
바구니를 가져왔다.

너무 맛있어서
'과일의 여왕'이라는
별명을 지닌 망고스틴!

보라색 껍질 속에 숨겨진
육쪽마늘 같이 생긴 물컹한 과육이
달콤새콤하다.

한 가지 문제는
기린이가 다음 날도, 다다음 날도, 다다다음 날도
망고스틴만 한 바구니씩 가져왔다는 것!

결국 싱가포르 여행 내내 다른 과일은 구경조차 하지 못했다는 슬픈 전설이…

기린이는 이모 가족이 사는 싱가포르로 어학연수를 왔던 것.

그래서 여기에 온지
일 년이 넘도록
싱가포르를 제대로
즐겨보질 못했어
아마 너희들이 안 왔다면
계속 공부만 하다가 한국에
돌아갔을 지도 모르고…
기린아…!
헤헷
찌잉_

그렇담 이 망고스틴도
공부하는 동안 전혀 못먹다가
우리가 와서 먹는 거구나…!
먹고 싶은거
계속 참았을 텐데
그것도 모르고
싫어해서 미안해…

싱가포르에서의 밤이 또 한 번 저물어간다.

다음 날

싱가포르의 집 안에서
도마뱀과 만나는 것은

우리 동네에서
길냥이와 마주치는 것만큼
자주 있는 일이었다.

생각해보니
어른들은 고양이를 볼 때마다
종종 이렇게 말씀하셨다.

어쩌면 인간 곁에서 살아가는
작은 존재들에겐

정말로 신비한 힘이
있는 지도 모르겠다.

싱가포르에는 야외 수영장이 많은데
기린이가 사는 아파트에도 있었다.

처음 수영장에 왔을 때
나는 아찔한 일을 겪었는데……

바로
다이빙 때문이었다.

그러나 때는 이미 늦었다.

시력이 나쁜 나에게는 물속이 보이지 않았던 것!

별들이 눈앞에 '번쩍!'할 정도로
박치기를 심하게 해서 그런가……

전날의 사건을 '완전히' 까먹은 나는
오늘 또 다이빙을 하고야 말았다.

결과는 안 봐도 뻔했다.

아파트에 사는 사람들 대부분이 출근하고 기린이도 어학원에 가는 시간에는
커다란 야외 수영장에 개미와 나 둘뿐일 때가 많았다.
우리는 물놀이를 하거나 둥둥 떠다니며 한가로운 시간을 보냈다.
어떻게 하면 이틀 내내
수영장 바닥에 머리를 박을 수 있는 거냐…
첨벙
첨벙
나도 어이없거든?

익숙한 한국말에 뒤를 돌아보니
할아버지 한 분이 서 계셨다.

싱가포르로 이민왔다는 그분과
잠시 이야기를 나누었다.

여유에 취해 완전히 잊고 있었다.

우리는 내일
말레이시아로 떠난다는 사실을!!!

이제 의사소통(과 음식)을 책임지던
기린이도 없다.

깨끗한 대리석 집도,
편안한 생활도 없을 것이다.

그러나 개미는 천하태평이었다.

밥보다 동남아 과일!

열대과일의 파라다이스, 동남아!

1

4 빨대로 과즙을 마시는 코코넛!

2 가장 흔히 만나는 과일은 파파야!

5 말이 필요 없는 망고!

3 한국 레스토랑에서도 볼 수 있는 람부탄!

6 그리고 바나나!

내가 가장 좋아하는 잭푸르트!

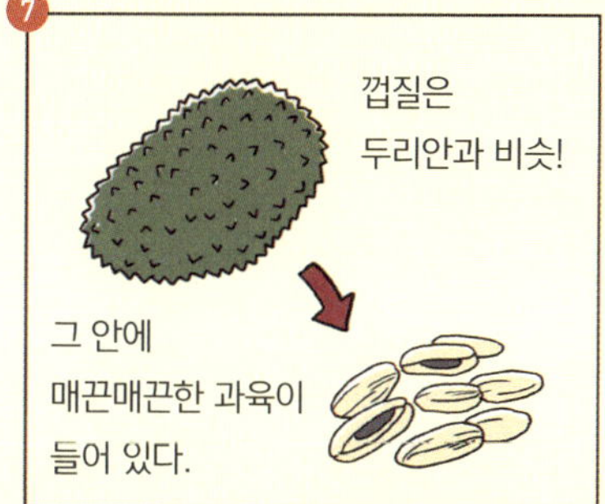

말라카의 습격

여행의 로망

말라카는 우리를 좋아해

낯선 남자가 다가올 때

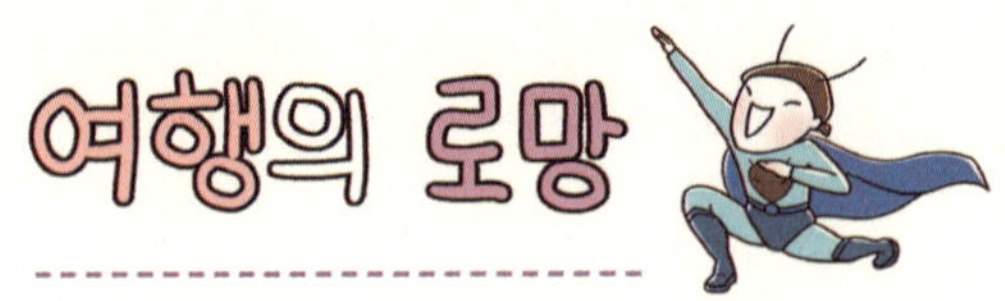

말레이시아부터는
둘이서만 여행해야 한다는 걱정 때문에
나는 밤새도록 잠을 이루지 못했다.

떠나는 날 아침

우리는 싱가포르에 도착한 날처럼
뜨겁게 포옹하며 작별 인사를 했다.

이제 진짜
둘만의 여행이 시작된다.

가뜩이나 걱정 가득한 나의 머리에
개미는 설악산 흔들바위를 떨어뜨렸다.

영어도 딸리고
낯선 현지인의 도움도
무서웠던 나는

패키지여행 수준의
자칭 '완벽한' 여행계획서를
며칠 동안 밤을 꼴딱 새서 만들었다.

“개미양,
백양의 여행계획서를 봤을 때
심정이 어땠나요?”

"문제는 얘가 여행 일정을
시간 단위로 짜왔다는 거예요!"

여기가 무슨
군대냐!!!

종알 종알
09:00 말라카 행 버스 승차
13:00 말라카 도착
13:30 호스텔 찾아 입실
15:30 관광 시작
21:00 관광 종료
22:00 일기 쓰고 돈 정산

"웃긴 건 걔가 또 약골이라서
하루가 멀다 하고 아프거든요?"

"그런데 여행계획서는
죽어라 지키려고 하는 거예요……"

나 아파…
오늘은 호스텔에서
쉬어야겠다
골골골

아무리
아파도 쉬는 건 안돼…
오늘은 아침 8시까지
패트로나스 트윈타워에 가서
전망대 입장권을 받은 후에
아쿠아리움에서…
종알 종알

원달이 때문에
자유로운
나의 영혼은…
아무렇게나
여행해야지!

"두루마리 휴지심에
꼭 끼어버린 신세처럼 되었죠."

누가 좀 꺼내줘 !!!
깽깽
깽깽

여행계획서 생각만 하면
지금도 머리가 지끈거려요…
으어어어

이 자리에는 사건의 장본인인
백양도 나와있으니
야, 나도
나와?!!
으어어어…
이야기를
들도록 하죠!

"도대체
왜 그랬나요?"

죄송합니다…
깨갱

“시간 단위로 짠 여행 계획은
전부 지키셨나요?”

“그럼 계획했던 대로
주변의 도움을 전혀 받지 않았나요?”

개미와 수다 떨며
버스터미널로 가는 동안
걱정스러운 마음이
조금씩 가라앉았다.

그러나…

난감하게도
다음 버스는 오후에나 있다고
기사님이 말씀하셨다.

그러나 개미는 여전히 천하태평했다.

그때 나는 중요한 사실을 잊고 있었는데……

반드시 아침 버스에
타야 했던 이유는
여행 계획을
지키기 위해서가 아니라

본격적으로 여행하는 첫날,
생전 듣도 보도 못한
'말라카'라는 도시에

해가 다 져버린 시각… 말레이시아의 첫 번째 도시,
말라카에 도착했다.

듬성듬성 놓인 가로등만이
깜깜한 거리를 간신히 비추었다.

말레이시아 사람들은 그 커다란 눈으로
우리를 뚫~어지게 쳐다봤다.

문득 이런 생각이 들었다.

어떤 시련이 닥치든 쿨할 것 같은 개미가……

떨고 있었다.

카페 진동벨처럼 떨고 있는
그녀의 모습을 보니

엄청난 크기의 걱정바위가 내 머리에 떨어지는 기분이 들었다.

개미와 나는
사시나무처럼 바들바들 떨며
호스텔을 찾아다녔다.

드디어 호스텔 발견!

친절한 호스텔 사장님은
주변 호스텔에 일일이 전화를 걸어
빈방이 있는지 물어보셨다.

사장님이 그려주신
새로운 호스텔 약도를 들고
다시 밤길을 걸었다.

우리는 점점 더 미궁 속으로 빠졌다.

그때였다.

낯선 말라카 영감님이 우리에게 말을 걸었다.

말릴 틈도 없이
정체 모를 영감님을 따라나서는 개미!

영감님을 따라가는 동안
나는 너무나도 불안했다.

호스텔로 데려간다는 말로
우리를 함정에 빠뜨린 후

새우잡이 배에 팔아버리려는
계획이라면…!

우리는 죽을 때까지 새우만 잡게 될 거야…!

나는 너무나 부끄러웠다.

따뜻한 도움의 손길을
색안경을 낀 채
나쁘게만 바라보았기 때문에.

여행이라는 것이 결국,
마음의 문을 열기 위한 과정이라는 걸 조금씩 깨닫는다.

물론, 마음의 문이
항상 열려 있어도
곤란하긴 하다.

… 그리하여
도착하게 된
두 번째 호스텔!

사장님께서
우리가 묵을 방으로
안내해주셨다.

낡아빠진 침대 하나와
벽걸이 선풍기 하나가 방 안에 있는 전부였는데,

고장 나기 직전의 벽걸이 선풍기는
연신 뜨거운 열대바람을
내뱉고 있는 터라
차라리 없는 게 나아 보였다.

더 난감했던 건
방 안에 샤워실도,
화장실도 없어서

호스텔의 모든 투숙객이
한 개의 샤워실과 화장실을
사이좋게(?) 사용해야 했던 것이다.

개미, 그녀는
여행을 진정(?)으로
즐길 줄 알았다.

잠시 후

헉헉헉
다다다다

헉헉헉헉
다다다

윈달이 때문에 지친 내 맘을 알아주는 건 일기장 요녀석 뿐이군!
윈달이 샤워실 간 동안 오늘도 일기장에 윈달이 험담을…

콩
깜짝이야!
으왓 깜짝이야!!!

왜 벌써 와? 뭐 놓고 갔어?

개미야, 너도 같이 씻으러 가면 안돼?
지금 아주 중~요한 내용을 일기쓰는 중인데… 왜 !!

방금전에 그… 하나밖에 없다는 공용 샤워실에 갔다 왔는데…
랄랄라

샤워실 줄 서있는 사람들이 모두 새빨간 색이었단 말야…
너무 무서워
훌쩍 훌쩍
히이익 !!!
아오 !!
바각

얼굴 생김새는 분명히 서양인 맞는데
몸 색깔은 헬보이처럼 새빨간 남자들이
환하게 웃으며 인사했다.

우리는 백인이 햇볕에 그을리면
새빨갛게 변한다는 사실도 몰랐고

머리부터 발끝까지,
정말 온몸을 뒤덮고 있는
그들의 털도 처음 봤으며

심지어 엉덩이 골이 보일 정도로
수건만 살짝 두른 그 모습은

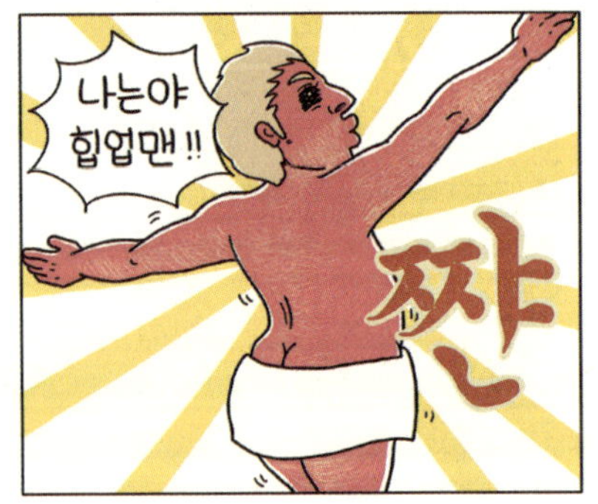

호스텔을 처음 방문한 우리에게
그야말로 충격과 공포였다.

여행의 로망은 멀고도 험했다.

말레이시아는 위험한 나라인가

: 말레이시아에 관한 오해

말레이시아에 간다고 했을 때
엄마의 반응

기린이의 걱정

어느 나라에나 빛과 어둠은 있다.

말레이시아가 위험하다고
생각하는 사람들이 많아
왜 그런진 모르겠지만…

코가 삐뚤어지도록 술을 먹었을 때
(그리고 도박장에 갔을 때) 발생했다.
켈킬
킬
마실 때 마시자~
헤롱
헤롱

중요한 건
치안 좋은 편인
우리 나라도
안전없는 밤길은
위험하다는
거지!
말레이시아에서 안 좋은 일을 당했다는
글을 읽어보면 대부분은

그런 행동은
한국에서도
위험하잖아
위험한 행동은
어느 나라에서나
위험해

낯선 밤길을 혼자 용감히 돌아다니거나
크크크
여긴 어디
나는 누구~

기억하세요!
엉엉엉
아이고오
다 털렸네
다 털렸어
지킬 것만 지키면 말레이시아를 비롯한
대부분의 나라는 안전하답니다!

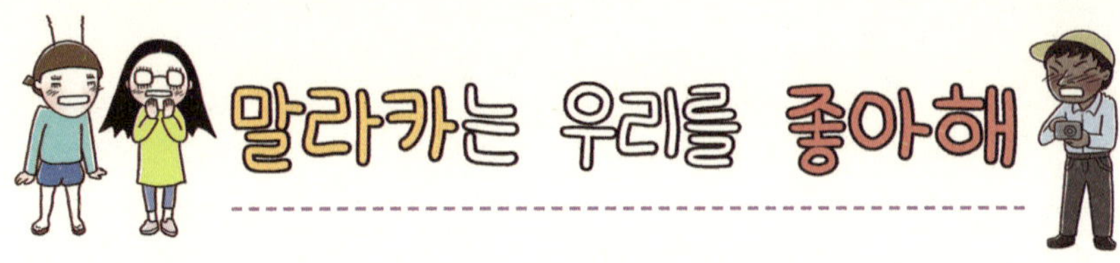

말라카의 아침이 밝았다.

유령이 나올 것처럼 무서워 보이기만 하던
어젯밤 말라카의 풍경!

그러나 아침의 말라카는 어제와 완전히 다른 느낌이다.

도시 전체가
유네스코 세계문화유산에
등재된 말라카는

네덜란드 통치 시절에 지어진
붉은 건축물을 비롯해
여러 문화유산이 가득했다.

붉은 도시 말라카를 구경하다가
아이스크림 리어카를 발견했다.

아저씨는 아이스크림 두 스쿱을
엉덩이 모양으로 얹어 주었다.

여행자의 땀을
식혀주기 때문일까,

동남아에서 먹는
아이스크림은
왠지 더 맛있게 느껴진다.

말레이시아 사람들이 우리를 뚫~어지게 쳐다봤다.

번쩍
번쩍
그러고보니 어제도
비슷한 일이
있었는데 !!

틀림 없어 !!
이것의 의미는…
냠냠

우리가 말라카에서
통하는 얼굴…
에라이

아프잖아…
물의를 일으켜
죄송합니다

말라카를 여행하는 동안
나는 궁금한 것이
하나 더 생겼는데……

말레이시아의 동양인 여행객은
서양인에 비해 매우 적었다.

호기심이 많은
말레이시아 사람들의 관심이

모조리 우리에게 쏠린 것은
어쩌면 당연한 일이었는지도!

그 덕분에 재미있는 일도 겪게 된다.

거대한 배 모양의
말라카 해양박물관에는

포르투갈 배에서 약탈해갔던
말라카 보물뿐 아니라
세계의 배 모형 등
여러 가지 볼거리가 많았다.

한창 관람하고 있는데,
말레이시아 남자가 우리를 불렀다.

얼떨결에
말레이시아 여인과
사진 찍게 된 우리!

아내의 나이는
만 19살이었다.

감사하다고 말하고
어서 갑시다 ♥
- 네 ♥
누군가의
열아홉은
나와
전혀 다른 길에
있구나…

이만 가볼게요, 저기…
얼굴 둥그란 분?
굽적
굽적
원래 저래요
멍~

… 나는 또 공상에 빠졌다.

우리 먼저 가볼게요
네…
질질질

또 한 번은
이런 일이 있었다.

… 이렇게 해서 우리는
외국인들과 함께
또 사진 찍게 되었다.

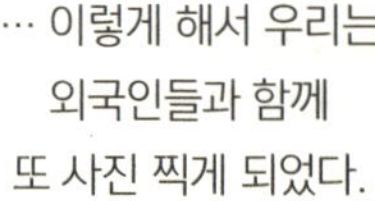

길거리를 지나갈 때,
사람들이 갑자기 말을 걸기도 했다.

싱가포르 이후 개미의 피부는
기하급수적으로(?) 익어가고 있었다.

그러나 낯선 사람의 관심이

개미 삐졌네
피부가 안 타는 너는
내 맘을 몰라

때로는
전혀 순수하지 않다는 사실을

키득

순진한 여행 초짜였던
개미와 나는 곧
깨닫게 되었다.

그 사건은 해 저문 시각,
좁은 골목에서 발생했다.

누군가 뒤에서 우리를 불렀다.

그는 혼자 배낭여행 왔다는 유럽 남자였다.

… 나는 이렇게 개미와 남자 뒤에서 따로 걷게 되었다.

골목을 얼마나 걸었을까……
나는 한 가지 사실을
어렴풋이 깨닫게 되었는데,

남자의 행동이 좀 이상했다.

유럽 남자가
매너 좋기로 유명하다지만,

그렇다고 해도 그 남자는
지나치게 다정해보였고

나중에는 자기 멋대로
어깨동무를 했다.

하지만
우리가 걷는 이 길은
언제 끝날지 모르는
좁은 통로였고,

나에게는 '꽥!' 소리를 질러서
남자를 쫓아낼 만한 용기가 없었으며

소리를 지른다고 해도,
아무도 없는 이곳에서
해코지를 당할까봐 두려웠다.

할 수 있다면,
정중하게 영어로 핑계를 대서
유럽 남자를 떨쳐내고 싶었지만
불가능한 일이었다.

왜냐, 나는 알파벳도 헷갈리는 영어무능력자니까!!!

영어에 관련된
에피소드 하나.

휴학하기 전,
대학교 특강 수업을
신청한 적이 있었다.

선착순 무료인데
할 사람~
저…저요!
공짜 좋아함

한 가지 문제가 있었으니,
선생님이 인도인이라 수업이 전부 영어로 진행되었다는 것!

ABCDEFG~
하하하
켝!!
하하하
몰랐음

무슨 소리인지
하나도
못 알아먹었어
내일부터
나오지
말아야겠다
척
터덜
터덜
학생,
잠깐만요!

선생님의 말씀에 감동한 나는
마지막까지 자리를 지켰다.

수업 마지막 날,
선생님은 학생 한 명 한 명과
악수하며 작별 인사를 했다.

드디어
내 차례가 되었는데……

선생님은
가슴을 쿵쿵 치며 하소연했다.

그날은
무척 당황스럽고 창피해서
집에서 엉엉 울었지만……

곧 선생님 말씀을 이해할 수 있었다.

내가 이 정도로 딴소리를 해댔으니
오죽 답답하셨을까!

하지만 망신당한 뒤에도
영어공부 따위 절대 하지 않았고

배낭여행 온 지금은
외국인과 대화할 일이 생길 때마다
개미를 전부 시키는……

바보 같은 나……

우리 자기라고
불러봐 어서~
어버버버
이런 내가
저 느끼하고
위험한 남자를
따돌릴 수 있을까?

그때였다.

우리 이따가

내가 묵는 호텔로 가요

뭐?!
호호호호호
호호호텔?!

NO!!
팍

갑작스러운 나의 행동에
나 역시 당황했다.

남자도 당황한 듯했지만 침착하게 말을 이어 나갔다.

그때 내 입에서 튀어나온 대답!

"I know how to go, but I don't know what was the hostel's name!"이 올바른 표현.

영어 단어들이
단체로 도망간 듯한
엉터리 문장이었지만,

그래도 나름 적절하게
핑계를 댔다는 사실에
나조차 놀랐다.

다행히 남자는
핑계의 의미를 알아들었다.

유럽 남자를 물리친 것(?)보다
그게 더 기뻤다.

드디어 골목을 벗어났다.

탁 트인 곳으로 나오자마자
서둘러 우리에게서
떠나려고 하는 남자.

남자는 우리에게
강제 뽀뽀를 남긴 채
유유히 사라졌다.

호스텔에 도착하자마자
샤워실로 달려간 우리는

때수건으로 뽀뽀 받은 볼을 빡빡 밀었다.

한국 여성들이여 조심하시오! 

유럽식 인사의 진실

성추행 예방하기

서양에는 '돌려서 거절하는 문화'가
없기 때문에
어딜 가야한다고?
나랑 갈거라고?

단번에 알아듣고 떠날 것이다.
Sorry
Good bye
크으으으

우리의 거절을 좋다는 뜻으로 오해한다.
나도 좋아 베이비~
뽀뽀나 한번 할까~?
우웅
끼아악

저 남자 한국어 알아들어?
윽은 만국공통어이니까!

반드시 단호히 거절해야 한다.
영어가 어렵다면 한국어로 말해도 좋다!
십이지장충보다 못한 놈아 썩 꺼져 버렷!!
퍽
헉

하지만 밤늦게 다니지 않는 것이
가장 좋은 방법이겠죠?

즐기자, 쿠알라룸푸르!

이슬람 여인이 되다

이국의 강강술래

바투동굴의 작은 주인

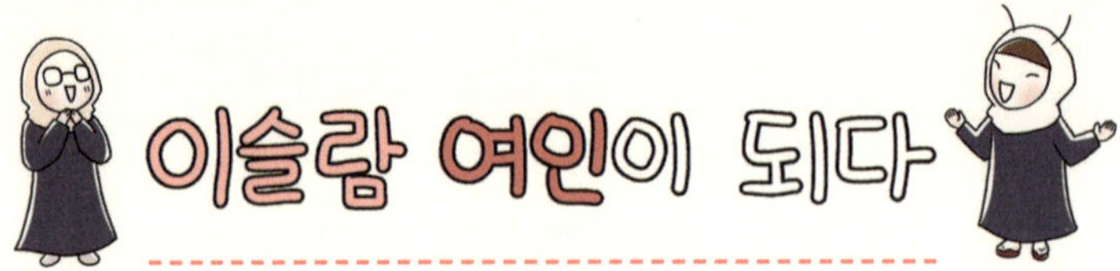

말라카를 뒤로 하고
다시 버스에 올랐다.

말레이시아를 여행하는 내내
속옷과 겉옷을 직접 빨아 입었는데……

찜질방을 방불케 하는
동남아의 더위와 습도 때문에
빨래가 도무지
마를 생각을 하지 않았다.

어쩔 수 없이
여행지를 옮길 때면
빨래를 배낭에 매달았고,

버스에 탄 뒤에는
몸에 걸쳐 놓았던 것이다.

우리의 안타까운(?) 빨래 말리기는……

태국에서 만난 한국인이 '빨래방'이란 걸 알려줄 때까지 계속되었다.

두 시간 뒤,
말레이시아의 수도
'쿠알라룸푸르(KL)'에
도착했다.

다양한 문화를 지닌,
다양한 얼굴과
옷차림의 사람들이

열대나무 가득한
이국적인 거리를
평화롭게 거닐고 있었다.

그중에서
가장 시선이 가는 사람은

히잡을 두른 여인들이었다.

'히잡'이란
무슬림 여성의 머리칼과 목,
가슴 등을 가리는 가리개인데

사실 나는 이슬람의 '가리개 문화'를 좋아하지 않았다.

하지만 말레이시아처럼
여러 종교가 평화롭게
공존하고 있는 나라는

히잡이 종교적 규율인 동시에
패션으로도 여겨지는 것 같아서
아이러니하고도 신기했다.

전철을 대신하는 교통수단인 'KL모노레일'은
진짜 모노레일이었다.

게다가 왠지
애벌레를 닮은 것 같기도!

모노레일에 타자
마치 버스를 탄 것처럼
기사님과 앞 유리창이 보였고

창밖으로는
도심 속의 놀이공원 같은
풍경이 펼쳐졌다.

이번에는 말라카에서와 달리
무사히 숙소 도착!

그러나 다음 날 오전 6시······

여행하며 쌓인 피로가
싸구려 침대의 불편함과 겹쳐져
약골 원달이를 덮쳤다.

다행히 30분 정도 지나자
몸이 어느 정도 괜찮아져,
아침 일찍 길을 나섰다.

말레이시아에서 가장 유명한 전망대가 있는
'페트로나스 트윈 타워'에 도착했다.

트윈 타워 지하는
전망대 예매를 하기 위해
전 세계에서 온 여행객들로 붐볐다.

인도 애들이 예쁜 건 알았지만,
이 쌍둥이의 미모는
만화에서 튀어나온 것만 같았다!

다른 여행객들 사이에서도 난리가 났다.

주변의 관심이 커지면 커질수록
쌍둥이의 부모님은
잔뜩 긴장하며 경계했다.

KLCC 아쿠아리아(수족관)에
가기 싫어했지만
막상 가니까 좋아하는 개미!

KL 타워까지 구경하고 나니
전망대 예약 시간이 되었다.

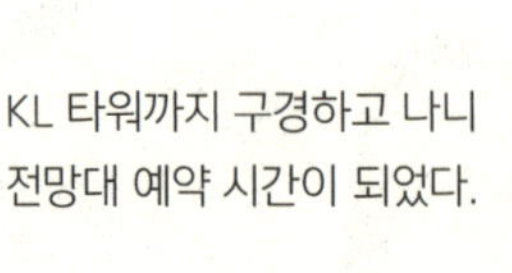

그리고……

소원대로 쌍둥이와 재회하게 되었다!

전망대 안내원 아저씨는
참 친절했다.

전망대에서 바라보는 KL의 풍경이 그렇게 멋지다는데……

사실 나는
쌍둥이를 쫓느라
풍경 감상은 뒷전이었다.

문득, 궁금한 것이 생겼다.

나는 어김없이
공상에 빠졌다.

말레이시아에서는 일반적으로
8~15세 정도부터 히잡을 착용하기 시작한다.

트윈 타워에서 내려온 뒤,
개미의 바람대로
설렁설렁 걸었다.

우연히 발길이 멈춘 곳은 '마지드 자멕'이라는 이슬람 사원.

난감하게도
머리칼과 몸을
천으로 가려야만
입장할 수 있다고 했다.

'가리개 문화'를
좋아하지 않았지만,

잠시 스쳐가는 여행자로서
이슬람 문화를 체험해보니
설레는 마음은 어쩔 수 없다.

기대를 한가득 안고
사원 안에 들어갔는데
황당하게도 사람들 모두
낮잠을 자고 있었다.

잠시나마 우리도
낮잠처럼 한가로운
시간을 보냈다.

이 더운 날, 통풍 따위 없는
불친절한 옷을
입었기 때문일까,

갑자기 어릴 적 일이
떠올랐다.

질풍노도의(?) 청소년기를 보내던 나는
가끔 이상한 반항을 하곤 했는데……

결국, 엉덩이에
50원짜리 동전만 한
땀띠가 나는 바람에

보름이 넘도록
엎드려 있어야만 했다.

이 덥고 습한 날씨에
온몸을 가려야 하는 무슬림 여성들도

14살의 나처럼
땀띠에 시달리지는 않을까?

나는 또 공상에 빠졌다.

말레이시아 클럽에 가기로 한 우리!

잠시 후……

상어가 있을 만한 곳으로는 도저히 안 보여!
CLUB
안에 들어가보자…

안은 정말로 그냥 술집이잖아!
클럽리가
Hello~?

나는 클럽의 바텐더 '잭 스페로우'예요~ 뭔가 찾고 있나요?
상어가 어디에 있는지 모르겠어요

상어는 쪼~오기에 있지요!
이제야 상어를 보는 구나!!
부끄~
어디보자… 어?!
헉!!

우리의 상상을 비웃기라도 하듯,
종아리 길이보다도 짧은 상어 한 마리가
수족관(… 이라기보단 어항) 안에 있었다.

개미는 단단히 삐졌다.

이윽고 밤이 깊어지자
술을 마시던 사람들이 하나둘
무대로 나와 춤추기 시작했다.

그중에 우리의 시선을
단번에 사로잡은 사람이 있었는데……

우리 또래로 보이는,
아담한 키의 동남아 여자였다.

주변의 춤꾼들을 압도하는
몸짓을 보고 있자면,

그녀가 춤을 매우 사랑하는 사람이라는 것이 느껴졌다.

신나는 음악이
잔잔한 연주로 바뀌자

무대에서 내려온 그녀는
우리에게 인사를 건넸다.

제니는 이 클럽을
정말 좋아하는 것 같았다.

하지만 클럽에 오직 '춤을 사랑하는 사람들'만 있는 건 아니었다.

내 뒤에는 백발의 서양인 영감님은
어린 말레이시아 아가씨와
한창 데이트 중이었고

마찬가지로 개미 뒤에도
백인 청년과 말레이시아 여자가
오붓한 시간을 보내고 있었다.

제니는 미간을 찌푸리며 말했다.

제니가 말한 의미는 '성관광'이었다.

커플의 모습이 얼마나 열정적(?)인지,
'잭 스패로우'와 사진을 찍을 때

서양인 영감님이
말레이시아 아가씨 다리를
만지는 장면도 함께 찍혀버렸다.

그리고 신나는 음악이 흐르자
갑자기 테이블 위로 올라가
춤추던 여자!

대놓고 좋아하는
서양 남자의 표정은
우리를 더 황당하게 했다.

때때로 수상쩍어 보이는 사람들이
우리를 찾아오기도 했다.

위기의 순간마다
우리를 구해주는 사람은
역시 제니!

'좋은 곳'에 얼떨결에 끌려가서는

가진 거 몽땅 잃고
조기 귀국하지 않았을까?

이렇게 나는 또 공상에 빠졌다.

"누군가는 '상어 같은 아가씨'를 찾으러
이곳에 왔다는 느낌?!"

"하지만 우리는 여행지를 막연히 '좋은 곳'으로만 생각했던 거야."

제니는 클럽의 여러 모습을 보며 분통을 터뜨렸다.

사람들의 시선이 집중된
스테이지로 끌려나온 우리!

당연한 얘기지만 우리의 춤은 전혀 나아지지 않았다.

시간이 흐르자
꽤 많은 사람들이
다시 무대로 올라와
춤을 추었는데……

누가 먼저랄 것도 없이 서로서로 손을 잡고

둥글게 모여 강강술래를 했다.

그제야 나는 제니가 말한 의미를 깨달았다.

이 클럽은 때때로
조금 위험하지만

생김새, 옷차림, 사는 곳에 상관없이
춤을 즐기러 오는 사람을 위한
열린 공간이기도 했다.

이곳을 결코 잊을 수 없을 것 같다.

바투 동굴의 작은 주인

그동안 호스텔에 배낭을 놔두고
가볍게 여행지를 돌아다녔다면……

오늘의 여행은 조금 다르다.

야간열차에 타기 전까지
하루종일 배낭을 짊어지고 다녀야 하는
'진짜' 배낭여행이기 때문에!

한국에서 가져온
짐도 줄어들었는데
배낭의 무게는 왜
그대로인 거야?
꽁차
후후후
개미는 아직
모르는구나...

짐을 아무리 줄여도
가방은 절코
줄어들지 않는다는
여행배낭의 무서운
저주를......!
딸깍

헛소리 할 시간 있으면
배낭이나 어서 메도록 해
넵♥
오늘따라 더 무거워
으라차차 !!!
타박
타박

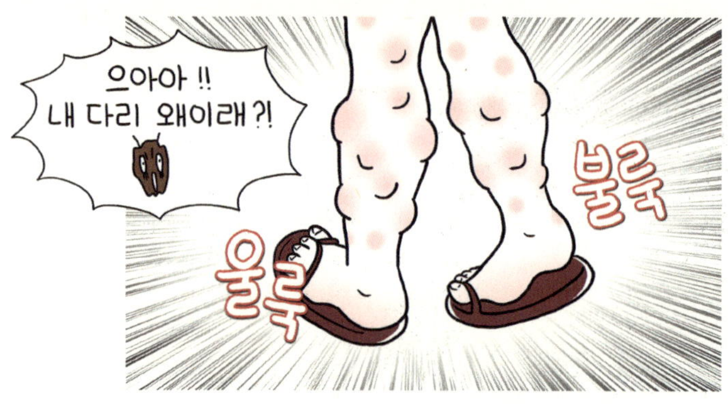

개미 다리가 파인애플 껍질처럼 울룩불룩해진 것!

범인은
말레이시아 모기였는데

나에겐 물린 자국이 전혀 없었다.

온종일 둘이 붙어 다니는데도 개미만 모기에 왕창 물린 이유는
모기가 좋아하는 사람이 따로 있기 때문이라고 한다.

<10명 중의 1명 꼴>

배낭여행을 마치는 날까지
모기의 사랑은 그칠 줄 몰랐고

개미의 다리는 여행 내내
뜨거운 관심을 받았다.

주 네가라: 쿠알라룸푸르 근교의 국립 동물원

동물원 직원들이 황급히 달려왔다.

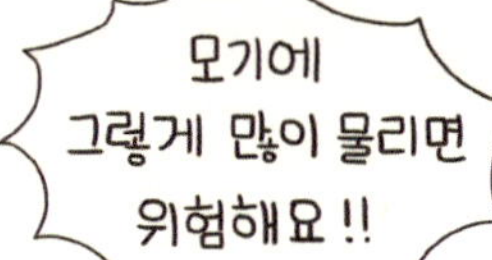

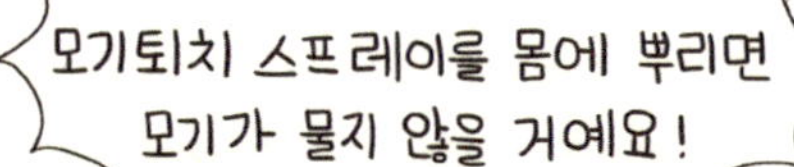

당황한 직원들은
올 때처럼 황급히 달려갔다.

주 네가라에서 나온 우리는
바투 동굴로 가는
버스 정류장을 찾았다.

아저씨와 주변 사람들이
갑자기 웃음을 터뜨렸다.

하하 웃어서 미안…
'바스'를 '버스'라고 하길래
너무 웃겨서 말야!
'바스요? '버스'잖아요!
B-U-S!!

학교에서 영어 공부도 안 했나
아가씨들 바스 스펠링도 몰라?
B-A-S 잖아!!
엥?!

정말로 '바스'였다.

BAS STOP

불현듯
며칠 전 일이 떠올랐다.

개미와 둘이서
기린이 집 근처
음식점에 갔었는데……

나중에 알고 보니
빵은 'Five'였다.

싱가포르와 말레이시아는 모국어만큼이나
영어가 많이 사용되는 나라들이다.

영어가 토착화되는 과정에서 '빱'처럼 발음이 바뀌기도 하고
'Bas'처럼 아예 스펠링이 바뀌는 경우도 있는 모양이었다.

어쨌든 나는
오늘도 공상에 빠졌다.

이제 바투 동굴로 출발!

말레이시아의
거대한 종유석 동굴이자
힌두교의 대표적인 성지,

바투 동굴에 도착했다.

바투 동굴에 가기 위해서는
272개나 되는 가파른 계단을
올라야 했다.

'무루간'이라는 이름의
무지막지하게 거대한 힌두교 불상이

왠지 우리를 위로하는 것 같기도 했다.

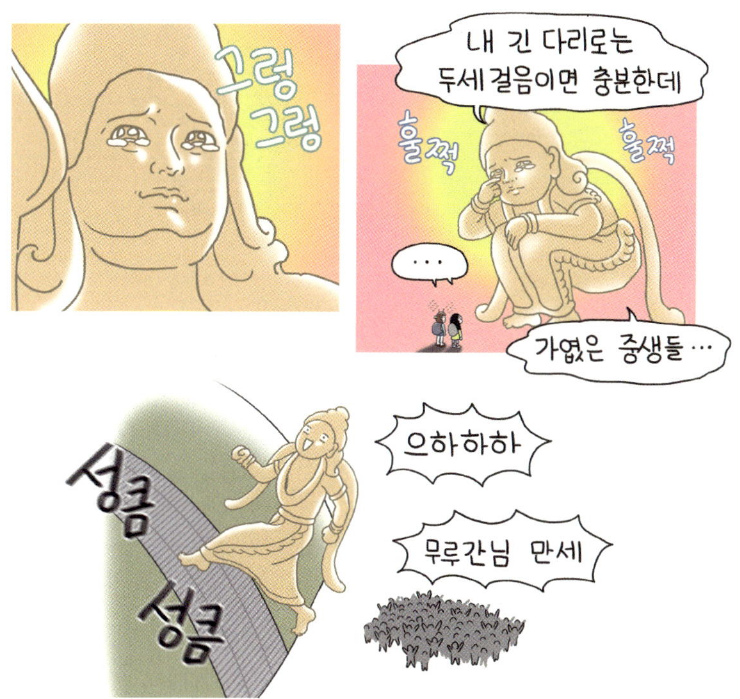

바투 동굴의 계단 272개는 인간이 일생동안 지을 수 있는 원죄의 수로
272개의 계단을 오르며 죄를 씻는다는 의미를 지닌다.

얼마나 못 올랐는지 지나가던 할머니한테 혼나기도 했다.

드디어 바투 동굴 도착!

힌두교인들이 종교적인 의미로 이마에 찍는 빈디가⋯⋯

우리에게 찍혀 있는 것이다!

우리 앞에는
빈디를 찍어준 터번 할아버지가
인자한 미소를 짓고 있었다.

… 그렇게
바투 동굴에 도착하자마자
정체 모를 할아버지에게
6,000원을 뜯겼다.

시작은 안 좋았지만,
먹처럼 짙은 동굴에 햇살이 비추는 모습은 무척 신비로웠다.

바투 동굴이 더 좋았던 점!

나는 원숭이를 좋아했다.

그러나 바투 동굴의 원숭이에게는
무시무시한 별명이 있었으니……

바로 '크레이지 몽키'!

맛있는 것을 먹는 여행자를 발견하면

구타를 해서라도 뺏어가기 때문에
붙여진 별명이었다.

나는
바투 동굴의 작은 주인과
사진을 찍었다.

그러나 그 원숭이는 (아마도)
이런 생각을 하고 있었던 것 같다.

여행자들의 자지러지는 웃음소리가
삽시간에 바투 동굴을 가득 메웠다.

결국 그 원숭이와
다정한 사진을
찍지 못하고 쓸쓸히 퇴장.

바투 동굴 원숭이와 사진 찍을 땐, 멀리서 조심조심 찍어야 한다는 것을 나중에야 알았다.

다시 돌아온 쿠알라룸푸르.

주머니 사정이 변변치 못한
우리의 주식은 항상
바나나 잎으로 싼 '나시르막'이었다.

잎사귀를 벗기면
안남미 밥과 두어 개의 반찬이 나왔다.

맨날 먹는 거지만, 그래도 맛있었다.

화단에 앉아
한창 식사를 하고 있는데
말레이시아 남자가 말을 걸었다.

정신없이 밥 먹는 틈을 노려

가랑이 사이의 배낭을
빼앗아 갈지도 모르는 일!

나는 슬금슬금
개미 옆으로 피했다.

그는 당황한 듯했다.

나는 너무 부끄러웠다.

그렇다고
'의심 0퍼센트'의 마음으로
밥만 처먹는 것도 문제지만……

쿠알라룸푸르에서의 마지막 날이 흘러간다.

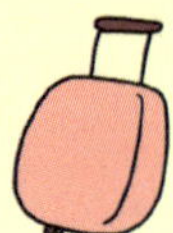 

캐리어 끌까? 배낭 멜까?

캐리어의 특징

그렇다면 배낭은?!

7
1. 두말할 필요도 없이 무겁다.
이것이 인생의 무게인가 …
바들
바들

10
4. 도둑맞을 위험이 적다.
힘쎈 여자가 분명해!
건드리지 말아야겠어
호스텔이
어디지?
울끈
불끈

8
2. 그러므로 필요한 짐만 가져가게 된다.
옷은 세 벌만 …
곰인형은
가져가지 말자
냠냠

11
5. 여행하며 이것저것 사대다간……
싱가포르
기념품
사야지
말라카
기념품
사야지
KL
기념품
사야지
페낭도…

9
3. 언제나 힘들기 때문에
딱히 더 힘들어질 것도 없다.
힘들다
힘들다
계단
비포장길

12
결국 캐리어 사버렸네
하하하
… 이렇게 될 수도 있다.

페낭의 휴일

야간기차엔 불편한 손님이 있다?!

첫 바다

말레이시아에서의 마지막 밤

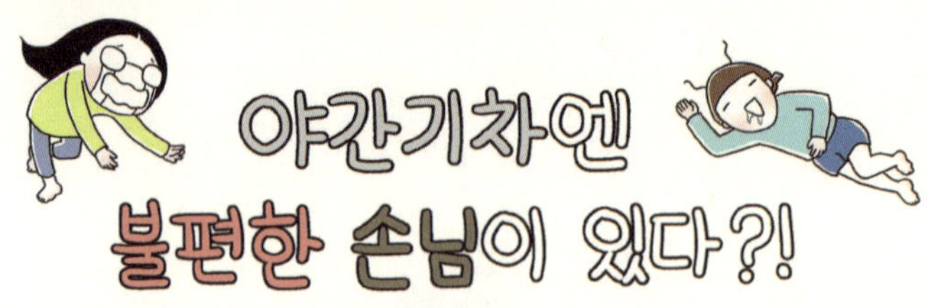

저녁 무렵 KL 기차역에 도착했다.

아침부터 배낭을 짊어지고 다닌 우리들은
땀에 아주 푹~ 절어 있었다.

그러나 매우 낡아 보이는 야간열차!

야간열차는 한국 기차였다.

어쩌면…… 젊은 기차에 밀려
더 이상 운행되지 않는 한국 기차가
말레이시아로 수출된 것은 아닐까?

늘 그렇듯 나는 공상에 빠졌다.

우리는 예약한 침대칸으로 갔는데

의자만 덩그러니 놓여 있었다.

곧 우리의 고민을 해결해줄 승무원 등장!

승무원의 손이 닿자, 의자가 순식간에 침대로 변신했다.

언제 어디서나
엄청난 속도로 잠드는
그녀의 이름은 개미!

이제 10시간 동안 낡은 야간열차를 타고
'페낭'으로 가게 될 것이다.

그리고 개미는
장렬히(?) 기절했다.

웬만한 일로는 꿈쩍도 않는 개미가
뛰쳐나올 정도의 화장실에는
절대로 들어가고 싶지 않았다.

후회해도 소용없는 일이었다.

겨우 마음을 다잡고 들어간 화장실!
낡고 더러운 것은 참을 수 있었으나
냄새만큼은 견딜 수 없었다.

무슨 정신인지 모를 정도로 허겁지겁 볼일을 보고 나서

풍풍풍
깨꼬닥
치카치카
어푸어푸

화장실에서 뛰쳐나왔다.

음냐음냐
죽는 줄 알았네…

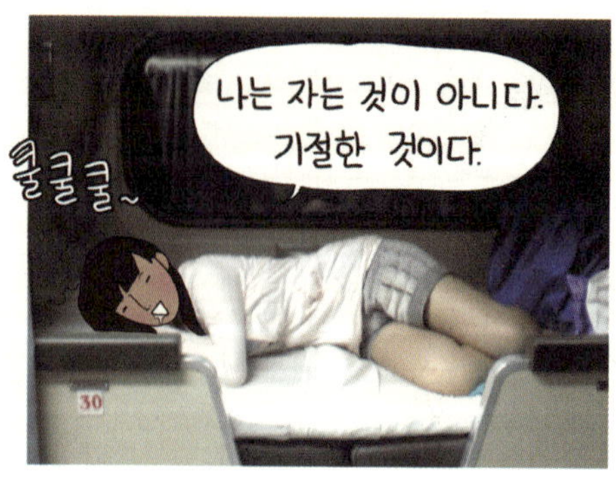
나는 자는 것이 아니다.
기절한 것이다.
쿨쿨쿨~
30

기차를 타고 달리는 한밤중,
간식을 먹으며 밀린 일기를 쓰는데……

바퀴가 나타났다.

개미도 잠자는 지금, 바퀴로부터 나를 구해줄 사람은 아무도 없었다.

하지만
파리채로 파리 한 마리
못 잡을 정도로
벌레를 무서워하는 나!

대신 해줄 사람이 없으면
결국 스스로 하게 된다.

그렇게 바퀴의 시신은 먹다 남은 음료수 병에 퐁당 빠졌다.

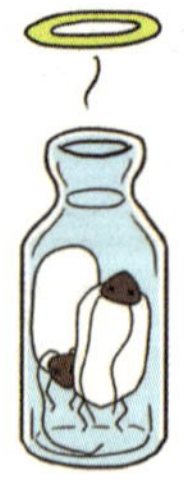

잠깐 사이에 바퀴벌레가 두 마리씩이나 나오자,
걱정이 이만저만이 아니었다.

두려움에 도저히 잠을 이룰 수 없을 것 같았다.

어제의 걱정이 부끄러울 정도로
나는 푹~ 잤다.

다행히 나의 귀, 코, 입 안은
깨끗(?)했다.

간이화장실에서 씻기 노하우!

건식 스포츠타월도 챙기면 좋다.
일반 수건보다 부피가 작고
습식 스포츠타월 보다 저렴하며
흡수성이 좋고 빨리 마른다

이렇게 준비하면 어디에서나 안심!
흥, 그런 거 필요없어

이렇게 빵빵한 준비에도 씻을 곳을 찾지 못했을 땐
원달아 그거!
알겠어
뒤적 뒤적

그냥 집에서 쓰던거 비닐에 대~충 넣고다니면 된다고!
너저분~

물티슈만큼 필요한 것도 없다.
으아 찝찝해~ 발좀 닦자
나도 나도

그래도 개미는 잘만 씻고 다녔다.
인간은 적응의 동물이니까!
하지만 이게 더 편하다고
브이
칫

아직 깜깜한 새벽,
잠이 덜 깬 채로 기차에서 내린 승객들은
선착장에서 배를 타고 섬으로 갔다.

'동양의 진주'라고도 불리는 아름다운 섬, 페낭에 도착한 것이다!

페낭 섬은 오래 전 해적이 득실대는 곳이었지만, 환골탈태한 지금은 유명한 관광지이다.

야간열차에서의 숙면에도 매우 피곤했던 우리는
호스텔에 들어가자마자 그대로 뻗었다.

금방이라도 비가 쏟아질 것 같은 페낭의 하늘!

물놀이도 하고

모래찜질도 하고

사람들도
구경하고……

나는 다짜고짜 개미를 끌고 나갔다.

버스를 타고 1시간 만에 도착한 동양의 진주, 페낭비치에는……

사람들은 거의 없고 먹구름만 가득했다.

한창 공놀이에 열중하고 있는
말레이시아 연인들!

시원하게 웃통을 벗은 남자들과 달리
여자들은 여전히 온몸을 가리고 있었다.

무슬림 여인의 스포츠 복장엔 종교가 묻어난다.

우리와 다른 문화를 갑작스럽게 만날 때,
내가 여행자라는 사실이 새삼 떠올랐다.

어… 어쨌든 사람이 거의 없으니까
마치 우리가 바다를 통째로 빌린 느낌이 들지 않아?!
바들 바들
춥다니까!!

참방

개미야 바닷물이 따뜻해…!!!
뭐?!

야, 따뜻한 바닷물이 세상에 어딨냐?
가뜩이나 열받는데 놀리지 마라!!
바들 바들
바들 바들

따뜻한 바다가 존재한다는 사실을 처음 알게 된 우리!

사람 거의 없는 바다에서
파도에 몸을 맡긴 채 놀다가

모래사장에 있는 제트스키를 발견했다.

두분 중에
누가 운전할 건가요?

얘가요!
내가 왜!!

키를 돌리면 시동이 걸리고
속도를 올리려면 손잡이를 돌리고…
난 운전하고 싶지 않은데…

자, 준비되었으면
하나-둘-
부릉 부릉

쿨~한 개미의 운전솜씨는
영 쿨~하지 못했다.

파도에 부딪힌 제트스키는
눈 깜짝할 사이에 공중에서 뒤집어졌다.

나는 의외로 운전을 잘했다.

여분의 옷도, 수건도 안 가져오는 바람에
물을 뚝뚝 흘리며 버스에 탔다는 창피한 이야기……

말레이시아에서의 마지막 밤

태국으로 떠나기 하루 전, 페낭 섬은
그동안 만난 하늘 중에서 가장 아름다운 색깔이었다.

이렇게 맑은 날 바다에 갔어야 했는데…
누구때문에 먹구름 잔뜩 낀 날에 가서 날씨는 쌀쌀하고 사람도 없고…
꽥
쿵

개미 너는 나에게 고마워 해야 해!
내가 왜 !!

날씨가 흐렸는 데도 이 정도로 새카맣게 탔는데
컥?!

해가 쨍쨍한 오늘 갔다면 분명히 완벽한 검정색이 되었을 테니까!
컥!!!
볼 만 했겠다ㅋㅋ

평소대로라면
자유로운 개미와 계획적인 내가 티격태격했겠지만……

다행히 우리 둘 다
전통건축물을 좋아하기에,
즐겁게 사원으로 향했다.

켁록시 사원(극락사)은 버스에서 내린 뒤에도
한참을 더 걸어 올라가야 할 정도로 높은 곳에 있었다.

나는 사탕수수즙을 '미친 듯이' 좋아했다.

동남아 대표 길거리 음료인
사탕수수즙!

기계로 사탕수수대를 압착하면
노랑연두색 즙이 나오는데,

즙과 얼음을 비닐봉지에 담은 후 빨대를 꽂아준다.

먹을 물이 가득 있어도　　　작은 게 마려워도　　　큰 게 마려워도

사탕수수즙만 보면 달려가곤 했지……

불현듯 싱가포르 망고스틴 귀신(?)이 떠오르는 개미였다.

드디어 오르막길 정상!

동남아에서 가장 큰 중국식 절,
켁록시 사원에 도착했다.

관음보살을 기리는 켁록시 사원은 태국, 미얀마, 중국 장인들이 1890년부터 20년에 걸쳐 함께 건축한 곳으로
3개국의 건축 양식이 아름답게 어우러져 있다.

켁록시 사원의 난간에서 페낭의 전경을 바라보았다.

내일이면 태국으로 가는 구나
오늘이 말레이시아 마지막 날이라고 생각하니까

가슴 한편이 우울한 거 있지…

아니야, 원달이 네가 우울한 이유는
사탕수수즙을 다 마셨기 때문이야
후우
앗?!
쪼글 쪼글

결국, 내려가면서
하나 더 사먹었다는.

켁록시 사원 다음에 간 버마 사원에서 신난 개미!

1803년에 건축된 말레이시아에서 가장 오래된 사원으로 거대한 금동 불상이 유명하다.

이윽고 페낭의 밤,
우리는 호스텔 근처의
'레드가든'이라는
야외 푸드코트에 갔다.

먼저 오신 파리 손님들께서 한창
날고기 꼬치를 시식 중이었다.

원래부터
청결과 거리가 있던 우리는
배낭여행하는 동안
진정한 박애주의자(?)가
되어간다.

오징어 맛있다!
소세지도 맛있어
냠냠
원달아,
말레이시아 오고 나서 부터는
온갖 고생을 한 것 같지 않아?

맞아!!
이상한 사람한테 뽀뽀도 당하고 원숭이한테 머리도 뜯기고… 중얼중얼
그런데 참 이상한 게

고생들조차 왜 이렇게 재밌게 느껴지는지 모르겠어!
이런 게 배낭여행인가 봐
그런가?

하지만 나는 태국에서부터는 하나도 고생 안 할 자신 있는데?
정말?! 어떻게?!!
불끈!

그동안 여행방법도 터득했고 또 태국은 여행자의 나라이니까 여행자들이 무척 편할 거 아냐!!
그건 그렇지!
그러니까 내일부터는 아무 걱정할 필요 없다는 말씀!!
옳소!
No~ No~!

앗 벌써 열 시가 넘었어!
슬슬 일어나자
너희들은 모르고 우리는 아는 게 있지…

진정한 고생은
태국에서
시작된다는 것을…!
?!
바로
내일부터!!

호스텔 가면
짐부터 싸야겠어!
내일 먹을 주먹밥 좀
사가지고 들어가자
너네들 뭐하냐…
캬캬캬
킬킬킬

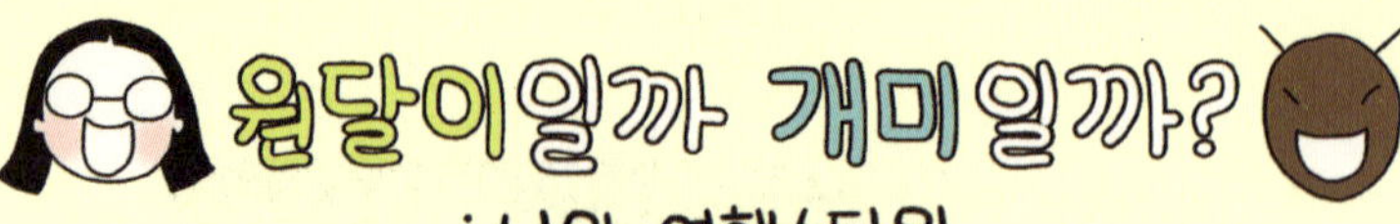

나는 'YES'일까 'NO'일까?

7. 한국에서 준비할 수 있는 건
최대한 가져간다.
짐이 좀 많지?
이민가냐?

'YES'가 5개 이상이라면……
이것도 보고
저것도 보고!
나는 매사에 철두철미한 '칼'!
과도한 계획을 실행하기 전에
동행인의 지친 얼굴을 먼저 살피길!

8. 같은 통장 카드를 3개 이상 들고 간다.
돈도 없으면서
카드만 엄청 많네
마그네틱
손상될까 봐

'YES'가 1~4개 사이라면……
일로 와요!!
어허 이쪽으로!
나는 원달이와 개미 사이 어딘가쯤.
부디 두 여자의 좋은 점만 지녔길!

9. 그럼에도 늘 걱정에 시달린다.
만약
이러면 어떡하지
저러면 어떡하지
아무
걱정 없음
벌벌벌

'YES'가 0개라면……
개미가
나타났다
벌컥
나는 베짱이 영혼의 소유자!
이리 새고 저리 새는 나를 잡아줄
계획적인 누군가가 필요할지도!

From.개미

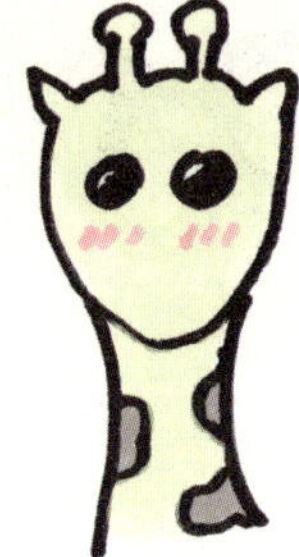
기린이와 함께 한
즐거운 싱가포르

말레이시아
여행 할때를
생각하면...

그래도
태국에 비하면

말레이시아는
천국이었지

가자!
태국으로 ~!

1권 발행
축하해 ♡

하늘 어학연수 시절에

너희가 싱가포르에 와줘서
너무 기뻤어

말레이시아에
같이 못가서 너무
아쉬웠어 ㅠ.ㅠ

춘간 너무너무 축하해♥
2권 준비도 열심히 하고 있

완성하면 이번에는
함께 라오스
가는 거야! ♥

소녀가 여행하는 법 1

2015년 11월 15일 초판 1쇄 펴냄

지은이	백원달
디자인	이아란
발행인	김산환
책임편집	조연수
영업 마케팅	정용범
펴낸곳	꿈의지도
출력	태산아이
인쇄	다라니
종이	월드페이퍼

주소	경기도 파주시 광인사길 217, 3층
전화	070-7535-9416
팩스	031-955-1530
홈페이지	www.dreammap.co.kr
출판등록	2009년 10월 12일 제82호

979-11-86581-52-0-13980